꽁냥꽁냥
그림수학

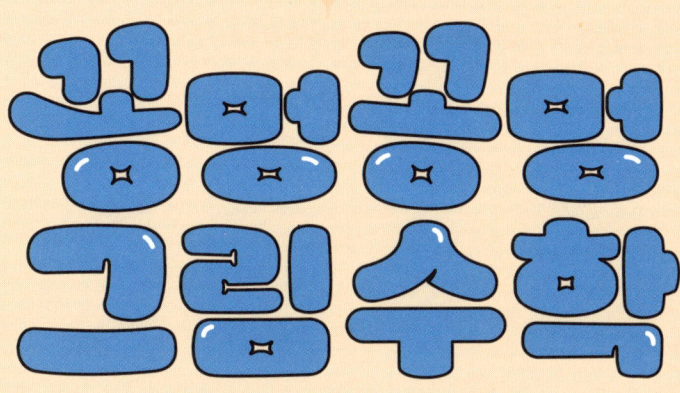

꼼꼼꼼꼼 그림수학

❸ 짜장면이 100원이라고?

머리말

수학은 늘 생활 속에 가까이 있어요!

《꽁멍꽁멍 그림수학》 시리즈의 통통 튀는 두 주인공 꽁멍이와 통통이가 생활 속 곳곳을 누비며 여러분을 신나는 수학의 세계로 데려가 줄 거예요. 우리가 먹는 음식, 사랑하는 가족, 입는 옷, 좋아하는 운동에도 재미있는 수학이 숨어 있거든요. 수학이라고 하니 혹시 벌써 '계산하고 문제를 푸는 것 아냐?' 하고 머리가 아파 온다면 그런 걱정은 떨쳐도 돼요! 꽁멍이와 통통이가 펼치는 배꼽 잡는 만화를 보고, 엉뚱하면서도 궁금해지는 질문을 따라가다 보면, 어느새 '이것도 수학이야? 수학이 재밌네!' 하며 수학과 친해지게 될 테니까요.

꽁멍이나 통통이처럼 여러분도 생활 속에서 엉뚱한 질문을 많이 해 보길 바랄게요. 당연하다고 여겼던 것들도 '왜?' 또는 '꼭 그래야만 해?'라는 생각으로 다시 보면, 몰랐던 신기한 보물을 발견하게 될지도 모르니까요. 준비되었다면 꽁멍이와 통통이를 만나 봐요!

주인공을 소개합니다

맛있는 딸기 케이크를 먹는 게 제일 좋아! 나와 늘 함께하는 단짝 친구 통통이는 시도 때도 없이 엉뚱한 질문을 해. 가끔은 귀찮기도 하지만, 통통이 덕분에 나는 종종 탐정이 되는 것 같아. 똑똑한 탐정이 되어 수학으로 사건을 해결하고 싶은 내 이름은 꽁멍이야.

남들과 똑같은 건 싫어! 통통 튀는 게 내 매력이지. 내 엉뚱한 질문에 대답해 주는 똑똑한 꽁멍이와 늘 함께 하고 있어. 우당탕탕 실수를 하기도 하지만, 뭐 어때! 나처럼 엉뚱한 생각을 자주 하다 보면 몰랐던 재미를 많이 알게 될 거야. 엉뚱하고 귀여운 나는 통통이라고 해.

차례

머리말	4
주인공을 소개합니다	5

1장 좋아하는 음식

01 짜장면 한 그릇이 100원?	8
02 아이스크림을 많이 살수록 이득일까?	14
03 미국 햄버거는 얼마지?	20
04 한 번에 두 가지를 맛보려면?	26

2장 나와 가족

05 나도 개띠 할래!	32
06 친구인데 나이가 다르다고?	38
07 누가 삼촌이고, 누가 사촌일까?	44
08 누구나 자신만의 번호가 있어!	50

3장 옷과 무늬

- **09** 짝수는 되고 홀수는 안 되는 것은?   56
- **10** 옷을 매일 다르게 입으려면?   62
- **11** 나에게 어울리는 옷 무늬는?   68
- **12** 내 발보다 얼마나 큰 신발을 사야 할까?   74

4장 좋아하는 운동

- **13** 골키퍼 등번호는 왜 1번일까?   80
- **14** 올림픽은 왜 4년마다 열릴까?   86
- **15** 마라톤은 왜 42.195킬로미터일까?   92
- **16** 매일 줄넘기 1,000개를 한다면?   98
- **17** 리듬 체조를 배우고 싶어!   104

꽁멍과 통통의 수학 수다 & 퀴즈   110

01
짜장면 한 그릇이 100원?

짜장면 가격이 10퍼센트 올랐다고요?

오래전 짜장면 가격과 오늘날의 짜장면 가격을 비교해 보면 시간이 지남에 따라 가격이 점점 오르고 있어요.
최근에는 가격이 10퍼센트 올랐어요. 가격이 얼마 오른 걸까요?

꽁멍일보

꽁멍아, 짜장면 한 그릇 가격이 10퍼센트 올랐다는 게 뭐야?

"음식 가격이 껑충!"

짜장면 한 그릇 7,000원 넘다!

짜장면의 가격이 7,000원을 넘었어요. 짜장면의 가격은 지난해에 평균 6,400원이었는데, 올해 10퍼센트가 올라 7,000원이 넘었어요. 짜장면 가격이 이렇게 오른 이유는 주재료인 밀가루, 식용유, 양파의 가격과 인건비가 많이 올랐기 때문이에요. 많은 사람이 즐기는 짜장면의 가격이 많이 오르자, 외식을 망설이는 사람들이 늘고 있어요.

10퍼센트가 올랐다는 건 6,400원의 100분의 10인 640원이 올랐다는 뜻이야.

1970년, 100원에서 70배로 올랐다고요?

1970년부터 오늘날까지 짜장면의 가격은 어떻게 달라졌을까요? 1970년에 짜장면 한 그릇의 가격은 100원이었어요. 시간이 지남에 따라 가격이 점차 올라 2024년에는 7,000원이 넘었어요. 지난 54년 동안 무려 가격이 70배로 올랐어요.

*짜장면 가격은 가게에 따라 다를 수 있어요.

짜장면의 가격 변화를 보고 옳지 않은 설명을 고르세요.

❶ 1970년에는 100원으로 짜장면 한 그릇을 살 수 있었다.
❷ 1990년에서 1995년까지 5년 동안 짜장면의 가격이 1,000원 넘게 올랐다.
❸ 2018년에는 짜장면 한 그릇의 가격이 5,000원을 넘었다.
❹ 1990년에서 2024년까지 짜장면의 가격이 10배가 넘게 올랐다.

❶ : 정답

좋아하는 음식

어떤 물건의 가격이 가장 많이 올랐을까요?

짜장면의 가격이 점점 비싸진 건 물가가 올랐기 때문이에요. 물가는 물건의 가격을 뜻해요. 보통 물가는 시간이 지남에 따라 올라요. 1970년, 100원의 가치는 오늘날의 100원과 다르다는 뜻이기도 해요.

아이스크림을 많이 살수록 이득일까?

아이스크림 크기 종류와 가격을 알아봐요!

여러 종류 중에서 원하는 맛을 골라 통에 담아 살 수 있는 아이스크림을 사 본 적이 있나요? 크기에 따라 담을 수 있는 아이스크림의 개수와 가격이 달라요.

좋아하는 음식

제일 큰 아이스크림 통이 맛도 6개나 고를 수 있고 양도 푸짐해 보이긴 해. 너무 많고 비싼 것 같기도 하고……. 고민되네.

그럼 좀 더 따져 보고 결정하자고!

아이스크림을 큰 통으로 사면 이득일까요?

아이스크림의 양이 적은 것보다 많은 것의 가격이 비싼 건 당연해요. 그런데 같은 아이스크림 양으로 가격을 비교해 보면 어떨까요? 아이스크림 통 크기마다 같은 양의 아이스크림 가격을 비교해 봐요.

나는 가장 작은 크기로 3가지 맛을 골라 볼게. 딸기, 바닐라, 초콜릿 맛을 고를 거야.

아이스크림의 양: 320그램
가격: 8,200원

아이스크림 1그램당 가격
→ 8,200원 ÷ 320그램 = 약 26원

? 옆의 아이스크림 통은 4가지 맛을 고를 수 있어요. 아이스크림의 양은 640그램이고, 가격은 15,400원이에요. 이 아이스크림 통의 1그램당 가격은 얼마인가요?

640그램 / 15,400원

❶ 약 24원   ❷ 약 25원   ❸ 약 26원   ❹ 약 27원

정답 : ❶

난 제일 큰 통으로 살 거야. 1그램당 아이스크림 가격을 비교해 보면 큰 통으로 살 때 아이스크림 가격이 좀 더 싸지?

아이스크림의 양: 1,280그램
가격: 26,500원

아이스크림 1그램당 가격
→ 26,500원 ÷ 1,280그램 = 약 21원

좋아하는 음식

많이 사면 절약이라고요?

마트에 가면 같은 물건이더라도 적은 양을 파는 것도 있고, 많은 양을 파는 것도 있어요. 가격을 비교해 보고 어떤 것을 사는 게 조금 더 싸게 사는 건지 알아봐요.

대용량 물건을 살 때는 기억해요!

❶ 양이 많은 제품이 적은 제품보다 단위당 가격이 더 싼 편이에요.
❷ 양이 많은 식품을 살 때는 기간 안에 다 먹을 수 있는지 생각해 봐야 해요.
❸ 색종이나 세제처럼 사용 기간이 넉넉한 물건은 많은 양으로 사는 것이 절약하는 방법이 될 수 있어요.

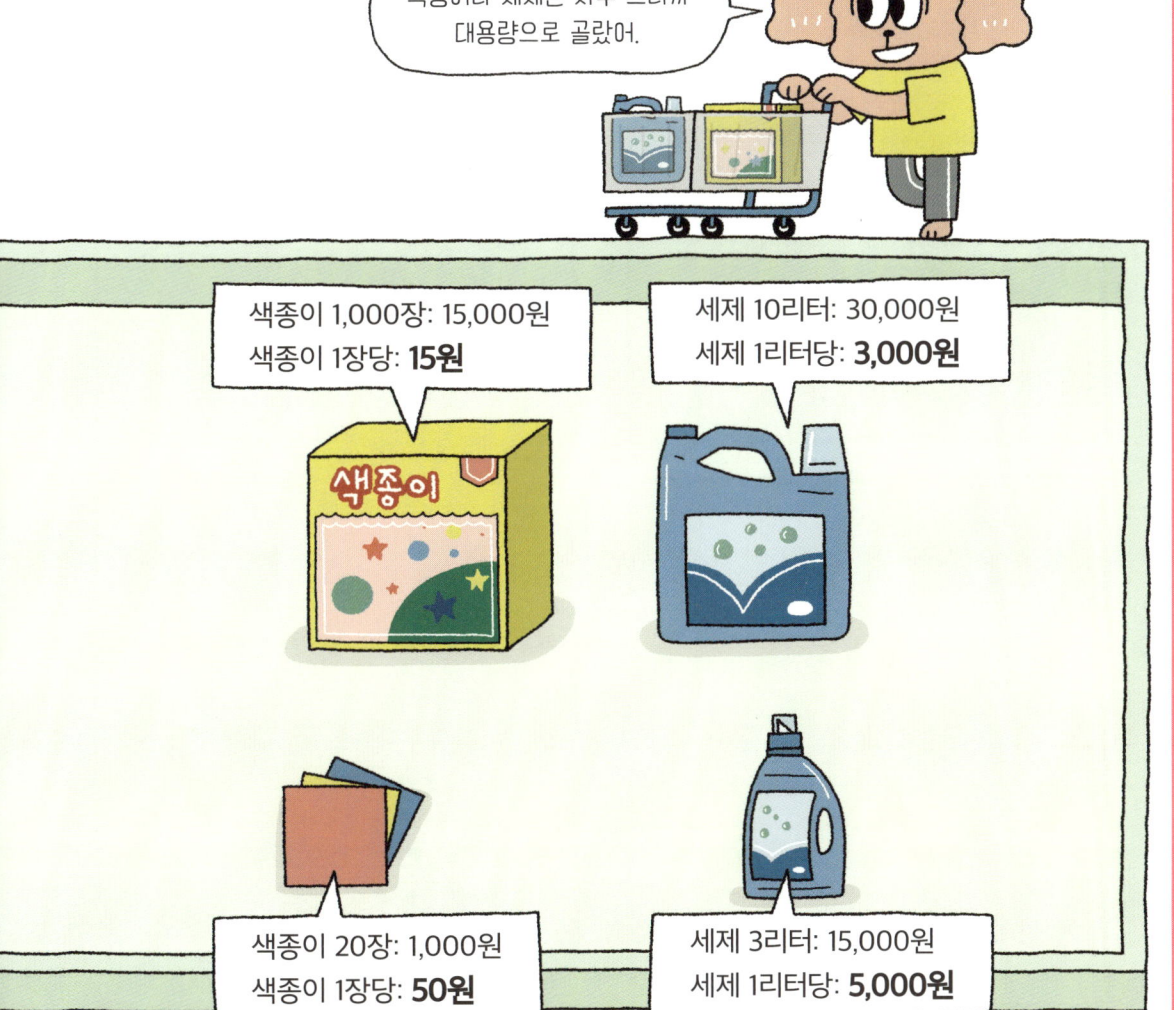

미국 햄버거는 얼마지?

미국과 우리나라의 햄버거 가격이 같을까요?

햄버거는 세계 어느 나라에서도 비교적 쉽게 사 먹을 수 있는 음식이에요. 같은 회사의 똑같은 햄버거를 미국에서 살 때와 우리나라에서 살 때의 가격을 알아봐요.

 5.69달러    5,100원

햄버거 하면 역시 미국이지! 미국에서는 햄버거가 5.69달러인데, 한국에서는 5,100원이야. 가격이 같은 거야? 다른 거야?

나라마다 돈의 단위가 달라. *환율을 봐야 해. 1달러가 약 1,300원이니까 5,100원을 달러로 바꾸면 약 3.92달러야. 한국 햄버거가 더 싸네.

1달러 = 약 1,300원

*환율 : 나라마다 화폐가 달라서 서로 다른 화폐를 교환하려면 환율을 알아야 해요. 서로 다른 두 나라의 돈을 바꿀 때의 비율을 뜻하지요. 환율은 세계 경제 흐름에 따라 매일 바뀌어요.

세계 여러 나라에서 똑같은 햄버거를 산다면?

한 햄버거 회사의 똑같은 햄버거가 각 나라마다 가격이 얼마인지 알아봐요. 햄버거 가격을 비교해 보면 그 나라의 물가를 알 수 있어요.

캐나다(5.52달러)
영국(5.90달러)
스위스(8.07달러)
미국(5.69달러)
멕시코(5.10달러)
남아프리카공화국(2.86달러)

출발!

통통의 햄버거 가격 조사 결과

❶ 북미와 남미, 유럽의 햄버거 가격은 대체로 비싼 편이고, 아프리카 나라의 햄버거 가격은 싼 편이다.
❷ 햄버거 가격이 가장 비싼 나라는 스위스다.

꽁멍의 햄버거 가격 조사 결과

❶ 우리나라의 햄버거 가격은 다른 아시아 나라들과 비교하면 조금 비싼 편이다.
❷ 오세아니아에 속하는 호주의 햄버거 가격은 우리나라보다 비싸다.

*빅맥 지수 : 2024년 전 세계 맥도날드 매장에서 파는 빅맥의 가격을 달러로 환산한 가격으로 각 나라의 물가를 비교할 수 있어요.

출발!

대한민국(3.99달러)
중국(3.57달러)
일본(3.92달러)
필리핀(2.86달러)
인도(2.85달러)
호주(5.06달러)

? 햄버거의 가격이 비싼 나라 순서대로 나열한 것을 고르세요.

① 미국 > 스위스 > 대한민국 > 남아프리카공화국
② 스위스 > 미국 > 대한민국 > 남아프리카공화국
③ 스위스 > 대한민국 > 미국 > 남아프리카공화국

정답 : ②

좋아하는 음식

나라마다 화폐의 단위가 달라요!

외국으로 여행을 간다면, 그 나라의 돈이 필요해요. 나라마다 사용하는 화폐와 단위도 달라요. 우리나라의 돈을 다른 나라 돈으로 바꾸는 것을 '환전'이라고 해요.

*환율은 자기 나라의 돈을 다른 나라의 돈으로 바꿀 때 적용되는 비율이에요. 환율은 세계 경제 상황에 따라 바뀌어요.

해외여행을 가려면 환전이 필요해. 1만 원을 환전해 볼까?

대한민국 화폐 단위 : 원

중국의 화폐 단위는 위안이고, 일본은 엔이야.

1만 원 = 약 53위안
1만 원 = 약 1,111엔

*1위안 = 약 190원
*1엔 = 약 9원

미국의 달러는 전 세계에서 가장 많이 사용되는 화폐야. 미국의 경제가 세계 여러 나라에 많은 영향을 주기 때문이야.

유럽 연합(EU)에 속한 나라는 대부분 유로를 사용하고 있어.

*1달러 = 약 1,300원
*1유로 = 약 1,460원

1만 원 = 약 8달러

1만 원 = 약 7유로

? 다음 각 나라의 돈을 우리나라 화폐로 환전했을 때, 돈의 액수가 가장 큰 것과 작은 것을 순서대로 고르세요.

 70위안(중국)
 900엔(일본)
 15달러(미국)
 10유로(유럽)

❶ 미국, 중국　❷ 유럽, 중국　❸ 미국, 일본　❹ 유럽, 일본

정답: 3

한 번에 두 가지를 맛보려면?

탕후루는 중국의 대표 간식이에요!

탕후루는 과일에 달콤한 시럽을 묻힌 다음 굳혀서 먹는 음식이에요. 겉은 바삭하고 달콤하고, 속은 부드럽고 과일의 상큼한 맛이 어우러져 입맛을 사로잡아요.

좋아하는 음식

탕후루는 '설탕물' 비율이 중요해요!

중국의 간식 탕후루는 우리나라에서도 인기 있어요. 딸기, 포도, 블루베리, 파인애플, 키위, 귤 등 여러 가지 과일을 꽂아 만들어요. 좋아하는 과일로 맛있는 탕후루를 만들어 봐요.

1단계 - 과일 씻기

과일을 깨끗하게 물로 씻은 다음, 물기가 남아 있지 않도록 잘 닦아 줍니다. 물기가 없어야 설탕물이 과일에 잘 붙거든요.

2단계 - 과일을 꼬치에 꽂기

손질한 과일을 나무 꼬치에 꽂아요. 키위나 파인애플과 같은 과일은 한 입 크기로 잘라서 꽂아요. 꼬치의 길이에 따라 과일은 3~5개 정도면 적당해요.

3단계 - 설탕물 만들기

과일 겉면에 매끈하게 굳은 설탕물을 입히려면 설탕과 물의 비율이 중요해요. 설탕과 물의 비율은 2:1로 넣어요. 냄비에 설탕과 물을 넣은 후, 열을 가해요. 이때 설탕이 녹을 때까지 절대로 저으면 안 돼요!

4단계 - 꼬치에 설탕물을 묻히기

물과 설탕을 넣고 열을 가한 후 설탕물이 노르스름해질 때, 과일 꼬치에 묻혀서 1분 정도 굳히면 탕후루 완성! 열을 가해 녹은 설탕물은 무척 뜨거워요. 피부에 닿지 않도록 조심해요!

 설탕과 물의 비율이 2:1이 되도록 설탕물을 만들려고 해요. 냄비에 물을 50그램 넣었다면, 설탕은 몇 그램을 넣어야 할까요?

❶ 25그램　　❷ 50그램　　❸ 75그램　　❹ 100그램

❹ : 답정

알록달록 여러 가지 맛 탕후루를 만들려면?

한 가지 맛 과일만 먹는 게 아쉽다고요? 그럼 꼬치에 여러 가지 과일을 꽂아 봐요. 여러 가지 과일을 꽂으면 다양한 과일 맛을 즐길 수 있고, 알록달록 색깔도 예쁜 탕후루를 만들 수 있어요.

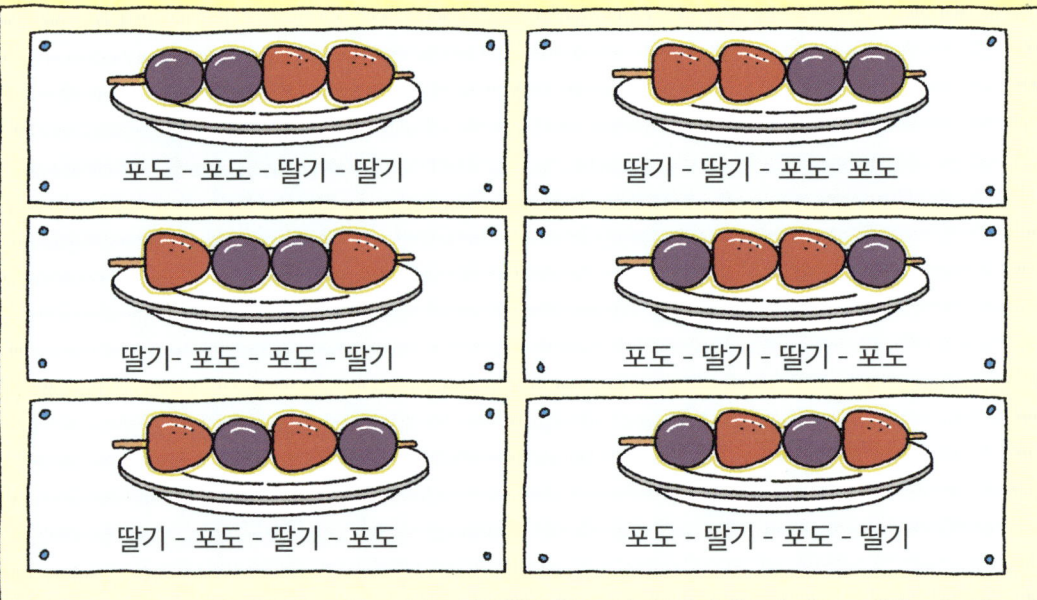

간편하고 맛있는 '꼬치 음식'

탕후루 말고도 막대기에 고기나 채소를 꽂아 먹는 꼬치 음식이 많아요.
여러 가지 꼬치 음식을 알아봐요!

❶ 소시지 하나, 떡 하나! 소떡소떡
소떡소떡은 소시지와 떡을 번갈아 꽂은 다음,
달콤하고 매콤한 소스를 바른 음식이에요.

❷ 알록달록 채소와 고기를 꽂아! 꼬치전
명절에 여러 가지 종류의 전을 먹는데, 꼬치전도 그중
하나예요. 고기, 대파, 버섯, 단무지를 꽂아 달걀물을
묻혀 구워요.

❸ 유목민들의 문화를 이어받은 샤슬릭
러시아를 비롯한 중앙아시아 문화에서 즐겨 먹는 요리예요.
오래전부터 유목민들이 쇠꼬챙이에 고기를 꽂아 구워
먹었어요.

❹ 닭꼬치의 원조 야키토리
닭고기를 꽂은 다음 간장 소스를 발라 구운 음식이에요.
닭의 살코기뿐 아니라 심장이나 혈관 등 특수한
부위까지도 구워 먹는 것이 특징이에요.

 꽁멍이와 통통이가 친구들에게 주려고 탕후루를 만들었어요. 처음과 마지막에 포도를 먹고 싶다면, 어떤 모양으로 만들어야 할까요?

❹ : 답정

> 좋아하는 음식

나도 개띠 할래!

띠에는 12종류 동물이 있어요!

우리나라에는 오래전부터 사람이 태어난 해마다 상징하는 동물이 있고 그것을 '띠'라고 했어요. 띠는 정해진 동물 순서에 따라 해가 바뀔 때마다 정해져요.

왜 '쥐'가 첫 번째 동물이 되었을까요?

12가지 동물은 누가 정한 걸까요? 또 동물의 순서는 어떻게 정해진 걸까요? 옛날부터 전해 내려온 이야기를 통해 알아봐요.

가장 앞서 달리던 소가 하늘 문에 거의 앞에 도착하려는 바로 그때 소의 등에 타고 있었던 쥐가 폴짝 뛰었어요. 꾀가 많은 쥐가 1등, 소가 2등, 그 뒤로 호랑이, 토끼, 용, 뱀, 말, 양, 원숭이, 닭, 개, 돼지의 순서로 하늘 문에 들어오게 되었답니다.

꿀꿀. 꼴등이네!

하~암! 꽁멍아, 나 졸려! '해시'에는 잠을 자야 해.

달리기 대회에 빨리 도착한 열두 종류의 동물들을 시간으로 나타낸대. 하루는 24시간이니까 동물마다 2시간씩 나눈 거야.

? 12종류 동물들의 띠 순서 중 일부를 빠른 순서대로 나타냈어요. 잘못 나타낸 것을 고르세요.

① 　②

③ 　④

답 : ③

'개띠'인 사람들은 몇 살 차이일까요?

같은 해에 태어난 사람들은 모두 띠가 같아요. 나이가 달라도 같은 띠가 될 수 있을까요? 동물의 띠 종류는 12가지니까 12년마다 같은 동물 띠가 돼요. 나와 띠가 같은 사람들의 나이를 알아봐요.

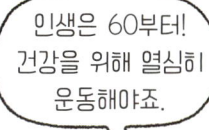

1958년생

1934년생

1994년생

> ❓ 동물 띠의 순서에서 개띠 다음의 동물은 '돼지'예요. 돼지띠가 아닌 사람은 누구일까요?
>
>
> ❶ 2019년생 ❷ 2007년생 ❸ 1983년생 ❹ 1957년생

정답 : ❹

06
친구인데 나이가 다르다고?

나이를 세는 단위, '세'와 '살'은 어떻게 다를까요?

사람이 태어나 살아온 햇수를 센 것을 '나이'라고 해요. 사람들은 서로 만나면 종종 나이를 묻곤 해요. 나이를 물어보았을 때, 올바르게 대답한 사람을 찾아보세요.

40(四十) + 세	다섯 + 살
아버지 나이는 사십 세입니다. ⇨ 수를 나타내는 한자 뒤에 '세'를 써요.	내 동생은 다섯 살입니다. ⇨ 하나, 둘, 셋과 같은 수를 세는 한글 표현 뒤에 써요.

같은 해에 태어났는데 나이가 다르다고요?

나이는 어떻게 세는 걸까요? 흔히 같은 해에 태어난 사람이라면 나이가 같다고 생각하게 돼요. 그런데 같은 해에 태어났는데도 나이가 다를 수 있대요. 나이를 세는 방법을 알아봐요.

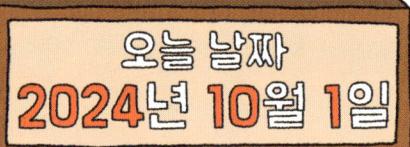

아빠 생년월일
1985년 3월 20일
나이 39세

여보, 난 생일이 지나서 39세니까 오빠라고 불러요.

**오늘 날짜
2024년 10월 1일**

★ 나이는 어떻게 셀까요?

우리나라에서는 오랫동안 같은 해에 태어났다면 나이가 같도록 보는 '세는 나이'로 나이를 셌었어요. 2023년 6월부터 나이를 세는 방법이 바뀌었어요. 태어나서 1년 뒤 첫 생일이 되었을 때 1살이 돼요. 사람마다 생일이 다르므로 같은 해에 태어났더라도 생일이 지난 사람이 생일이 안 지난 사람보다 나이가 1살 많을 수 있어요.

어린이 생년월일
2017년 6월 5일
나이 7세

나이를 나타내는 말을 알아봐요!

'9세', '아홉 살'처럼 나이는 주로 수로 표현해요. '스물', '서른'과 같이 우리말로 수를 읽기도 하고, '불혹'이나 '환갑'처럼 한자어로도 나이를 표현하기도 해요.

나이는 못 속인다
나이를 아무리 감추려 해도 행동이나 겉모습에서 티가 반드시 난다는 뜻의 속담이에요. 반대의 뜻으로는 '나이는 숫자에 불과하다.'라는 말이 있어요.

이제 제법 흰머리가 많아.

중국의 공자는 '학문의 기초를 세운다'라는 뜻으로 30세를 '이립'이라고 했어요. 40세는 마음이 흔들림 없이 굳건하다는 뜻으로 '불혹'이라고 해요.

서른 살, 대학교를 졸업하고 회사에 다니게 되었어요.

세 살 버릇 여든까지 간다
어릴 때 생긴 습관은 죽을 때까지 간다는 뜻의 속담이에요. 하필 세 살이라고 한 것은 그 정도 나이가 되면 자기 뜻대로 하고 싶은 것이 생기기 때문이에요. 여든은 80세를 뜻해요.

아기가 태어나서 1년이 된 때를 '**첫돌**'이라고 해요. 주로 아기들의 생일을 나타낼 때 '첫돌', '두 돌', '세 돌'과 같이 표현해요.

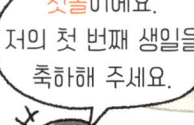

첫돌이에요. 저의 첫 번째 생일을 축하해 주세요.

지금부터 양치질 잘하는 습관을 가질 거예요.

07
누가 삼촌이고, 누가 사촌일까?

친척을 찾아봐요!

'친척'이란, 친할 친(親)과 친척 척(戚)이 합쳐진 말이에요.
친척은 부모님의 가족이에요. 현우의 친척은 누구일까요?

삼촌과 사촌은 나와 어떤 사이일까요?

설날이나 추석과 같은 명절이 되면 많은 친척을 만나게 돼요. '촌수'는 친척의 멀고 가까운 사이를 수로 나타낸 것이에요. 촌수를 계산해 보면, 삼촌과 사촌이 나와 어떤 관계인지 알 수 있어요.

이모도 고모도 3촌이라고요?

'삼촌'이나 '사촌'은 가깝고 먼 정도를 나타내는 촌수예요.
현우의 가족 관계도를 보면서 친척들 사이의 촌수와 호칭을 알아봐요.

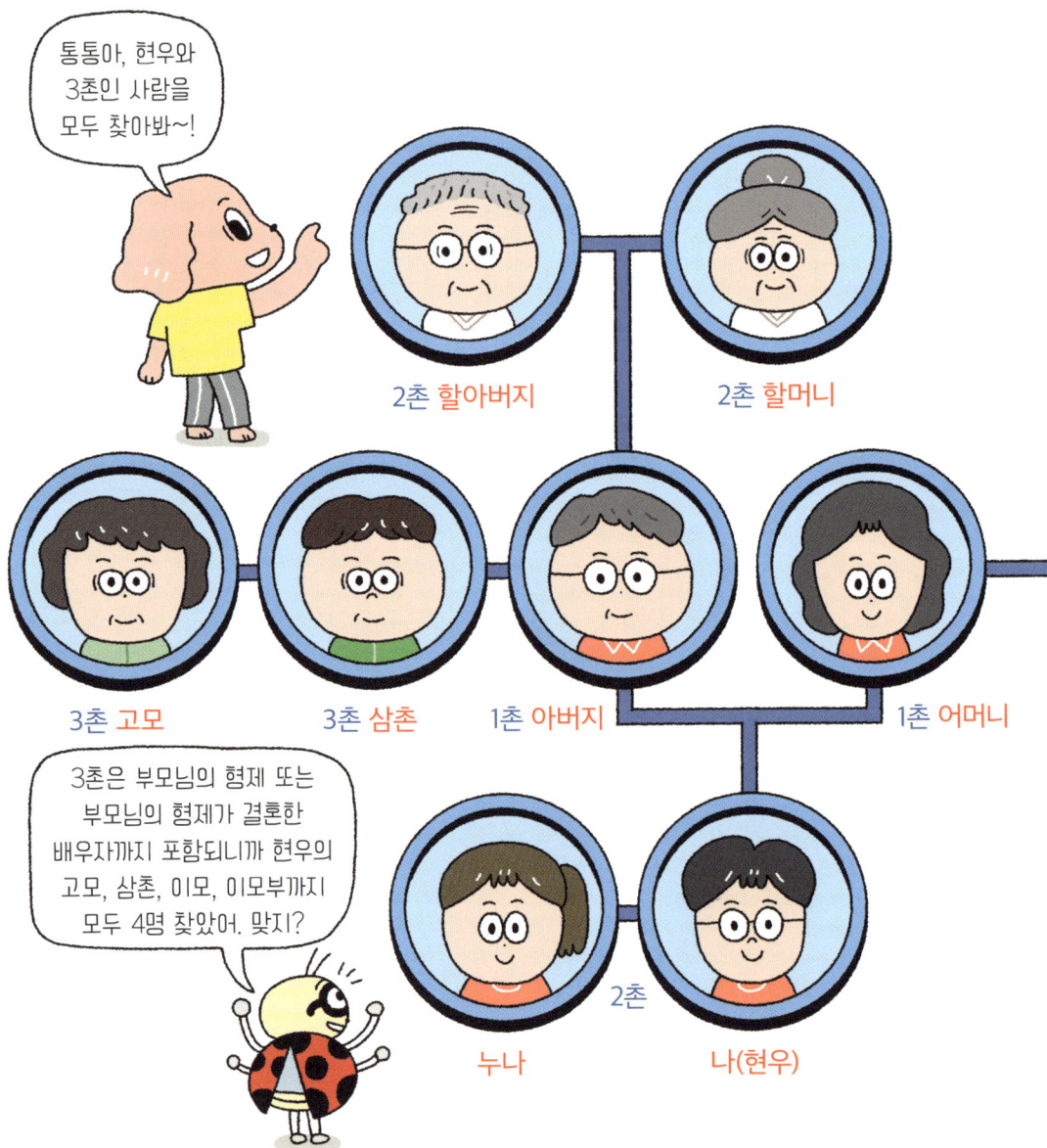

꽁멍이와 함께 알아보는 친척 호칭

❶ 삼촌 말고 숙부, 작은 아버지 다 같은 호칭이에요!
아버지의 남동생이 결혼하지 않았을 때 보통 '삼촌'이라고
불러요. 숙부, 또는 아재라고 부르기도 하지요. 삼촌이 결혼한
뒤에는 '작은 아버지'라고 부르기도 한답니다.

❷ 이모, 고모 말고 숙모는 누구일까요?
어머니의 여동생이나 언니를 '이모'라고 부르고, 아버지의
누나나 여동생을 '고모'라고 불러요.
숙모는 아버지 남자 형제의 아내를 부르는 말이에요.
외삼촌의 아내는 '외숙모'라고 부른답니다.

❸ 할머니의 엄마 또는 할머니의 할머니는 뭐라고 부르나요?
할머니의 어머니는 '증조할머니'라고 해요. 또 할머니의
할머니는 '고조할머니'라고 부른답니다.

3촌 이모　　　3촌 이모부
　　　　4촌 이종사촌

❓ 현우네 삼촌이 결혼해서 아내가
생겼어요. 현우는 삼촌의
아내에게 뭐라고 불러야 할까요?

❶ 이모　　❷ 고모　　❸ 숙모　　❹ 할머니

❸ : 정답

나와 가족

누구나 자신만의 번호가 있어!

주민등록증이 뭐예요?

주민등록증은 대한민국 국민임을 증명해 주는 신분증이에요. 대한민국 국민이라면 17세부터 만들 수 있어요. 주민등록증을 찾아볼까요?

얼굴 사진이 있고, 이름, 주소 그리고 주민등록번호가 표시된 게 바로 주민등록증이야! 여권은 외국에 갈 때 필요한 신분증이래.

꽁멍아, 우리 정말 주민등록증 만들 수 없어?

주민등록번호는 어떻게 만들어질까요?

대한민국 국민이라면 누구나 주민등록번호를 갖고 있어요.
이 번호는 언제 생기는 걸까요?

주민등록번호에는 정보가 들어 있어요!

❶ 앞에 있는 6자리 숫자는 태어난 연도와 생일을 나타내요.

❷ 뒤에 있는 7자리 숫자 중 첫 번째 숫자는 성별을 나타내요.

1900년대 태어난 남자	1900년대 태어난 여자	2000년대 태어난 남자	2000년대 태어난 여자
1	2	3	4

❸ 성별 뒤의 여섯 개의 숫자는 태어난 곳의 주소를 숫자로 나타낸 것이었어요. 2020년 10월에 태어난 사람부터는 주소를 나타내지 않고 규칙이 없는 숫자로 번호를 정하고 있어요.

아하! 그럼 아빠는 뒷자리가 1로 시작하고, 우리는 3으로 시작하겠네? 엄마는 2로 시작하고, 나라는 4로 시작하고 말이야.

오호! 통통이 똑똑한데?

 다음은 우리와 나라의 부모님 중 한 사람의 주민등록번호를 나타낸 것이에요. 설명으로 옳지 않은 것을 고르세요.

❶ 우리와 나라 어머니의 주민등록번호예요.
❷ 1985년 1월 3일에 태어났어요.
❸ 뒷자리 7자리 중 두 번째부터 다섯 번째 숫자는 출생신고를 한 주소를 나타내요.
❹ 24년 3월에 태어난 딸 김나라와 뒷자리 첫 번째 숫자가 같아요.

❹ : 답정

주민등록번호는 중요한 개인 정보예요!

주민등록번호는 개인의 중요한 정보예요. '나'의 고유한 번호이기 때문이에요. 주민등록번호가 어디에 쓰이는지 알아봐요.

병원에서 진료를 받을 때 이름과 주민등록번호를 확인해요. 무료 예방 접종 같은 의료 혜택을 받을 수 있어요.

은행에서 통장을 만들 때 주민등록번호가 필요해요. 다른 사람이 내 이름으로 통장을 만들 수 없도록 주민등록번호로 확인해요.

학교에서 많은 학생을 관리할 때 주민등록번호가 필요해요. 이름이 같아도 주민등록번호는 다르므로 구별할 수 있어요.

주민등록번호를 다른 사람에게 알려 주지 마세요!

주민등록번호는 개인의 중요한 정보예요. 개인 정보를 이용해서 다른 사람을 속이는 범죄가 늘고 있어요. 다른 사람에게 주민등록번호를 알려 주어서는 안 된다는 걸 꼭 기억하세요!

? 나를 나타내는 번호인 '주민등록번호'에 대한 설명으로 올바르지 않은 것을 고르세요.

① 주민등록번호에는 나의 생일 정보가 담겨 있어요.
② 병원이나 은행에서 나를 확인할 때 주민등록번호를 이용해요.
③ 대한민국 국민은 모두 주민등록번호가 있어요.
④ 친한 친구끼리는 주민등록번호를 서로 알려 주어도 괜찮아요.
⑤ 모르는 사람이 주민등록번호를 묻는다면 알려 주지 않아요.

정답 : ④

짝수는 되고 홀수는 안 되는 것은?

쌍둥이 물건을 찾아보세요!

우리가 사용하는 물건 중에는 같은 물건 2개가 짝으로 있어야만 하는 것이 있어요. 똑같은 물건 2개가 하나의 짝인 것을 찾아보세요.

양말은 짝수! 홀수는 안 돼~!

둘 중 하나를 잃어버리면 남아 있는 한 개만으로는 쓰기가 어려워요.
양말의 한 짝이 자꾸 사라지는 이유는 뭘까요?

양말은 모두 몇 개일까요? 하나, 둘, 셋, 넷, 다섯, ……
모두 세 보니 **31개**

통통아, 양말 정리가 하나도 안 되어 있잖아? 이러니까 자꾸 짝짝이로 신지.

양말 찾을 때마다 오래 걸리고, 자주 잃어버려.

2부터 2씩 늘어나는 수 → 2, 4, 6, 8 ……

둘씩 짝을 지을 수 있는 수를 "**짝수**"라고 해요.

1부터 2씩 늘어나는 수 → 1, 3, 5, 7 ……

둘씩 짝을 지을 수 없는 수를 "**홀수**"라고 해요.

옷과 무늬

> 양말을 같은 무늬끼리 묶어서 정리하니까 깔끔해. 내가 제일 좋아하는 무늬 양말은 한 짝이 없네.

> 통통아, 이거 받아. 한 짝만 남은 내 양말이야. 남은 양말 하나랑 같이 신어.

 서랍 속에 있는 모든 무늬의 양말이 짝을 지어 정리되어 있어요.
양말의 개수가 될 수 없는 것을 고르세요.

❶ 18개 ❷ 24개
❸ 29개 ❹ 32개

❸ : 답정

'둘'을 나타내는 여러 가지 말을 알아봐요!

양말이나 신발, 장갑처럼 두 개의 물건을 묶어 세는 말에는 어떤 것이 있을까요?

동물들이 모두 두 마리씩 쌍으로 있어요. 기린, 홍학, 얼룩말, 호랑이, 코끼리까지 모두 다섯 쌍 맞죠?

쌍
두 개의 물건이나 동물, 부부에게 쓸 수 있는 말이에요.

제법인걸? 이제 우리 맛있는 김밥 먹자! 어이쿠, 젓가락 한 짝이 부러졌네.

짝
두 개가 한 쌍을 이룰 때, 각각을 세는 단위예요. 젓가락 낱개 1개를 젓가락 한짝이라고 해요.

10

옷을 매일 다르게 입으려면?

사람들은 왜 옷을 입을까요?

사람들이 언제부터 옷을 입었는지 정확히는 알 수 없지만, 아주 오래전부터 동물의 가죽이나 나뭇잎 등을 이용해 옷을 만들어 입었다고 해요. 사람들이 옷을 입는 이유에는 여러 가지가 있어요.

사계절 옷을 나눠 정리해 봐요!

우리나라는 봄, 여름, 가을, 겨울 사계절이 있는 나라예요.
계절에 따라 얇고, 두꺼운 옷이 있어요. 또 어디에 입는가에 따라
상의와 하의, 속옷과 겉옷도 있어요.

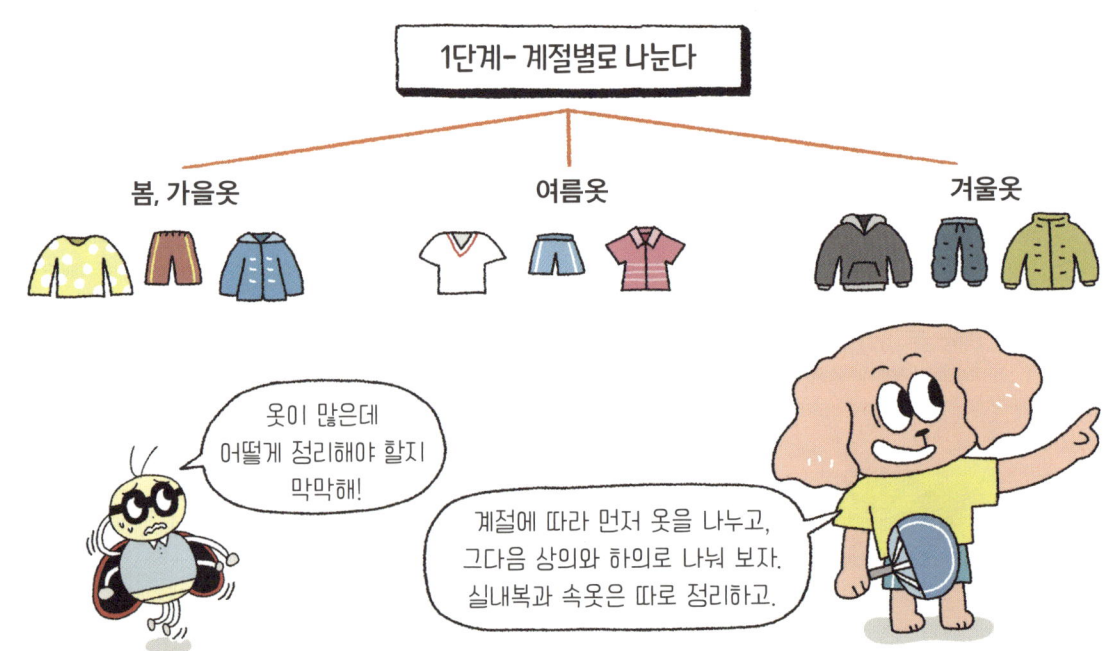

적은 옷으로 매일 다르게 입으려면?

일주일 동안 매일 다르게 옷을 입으려면 상의 4개, 하의 2개면 충분해요. 또 한 달 동안 매일 다르게 옷을 입는 것도 상의 6개, 하의 5개면 충분해요.

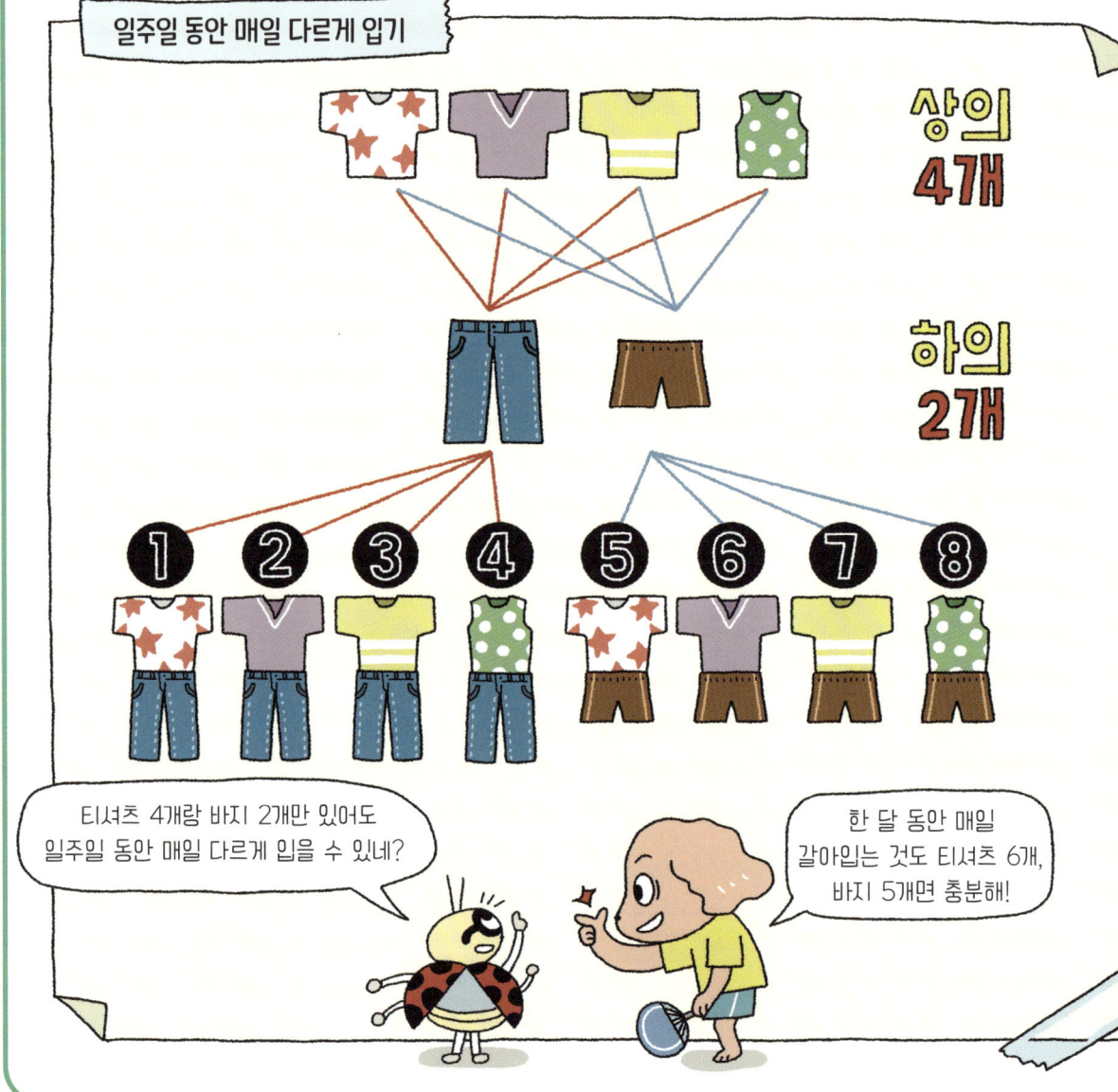

한 달 동안 매일 다르게 입기

생각보다 많은 옷이 필요하지 않네!

새 옷 사지 않아도 되겠지?

? 통통이는 티셔츠 3개와 반바지 4개를 가지고 있어요. 몇 가지로 다르게 입을 수 있을까요?

❶ 7가지 ❷ 8가지 ❸ 10가지 ❹ 12가지

❹ : 답정

11

나에게 어울리는 옷 무늬는?

같은 모양인데 다르게 보여요!

어떤 무늬 옷을 입는가에 따라 뚱뚱해 보이기도 하고, 날씬해 보이기도 해요. 실제와 다르게 보이는 걸 '착시'라고 해요. 재밌는 착시 퀴즈를 풀어 볼까요?

Q 어떤 동그라미가 더 클까요?

Q 두 사각형의 윗변 어느 것이 더 길까요?

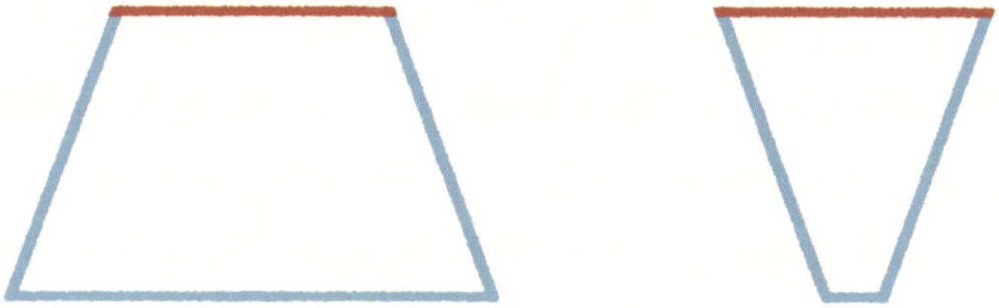

너무 쉽잖아! 동그라미는 오른쪽이 더 크고, 사각형의 윗변 길이는 왼쪽이 더 길지!

땡! 동그라미 크기도 같고, 사각형 윗변의 길이도 같아! 그러니까 옷의 무늬도 잘 골라 입어야 된단 말씀!

여러 가지 모양을 이용한 무늬가 있어요!

곧은 선을 이용한 줄무늬, 동그라미를 이용한 물방울무늬, 바둑판을 닮은 체크무늬, 다이아몬드 모양이 있는 아가일 무늬까지 다양해요. 무늬마다 어떤 특징이 있을까요?

줄무늬
스트라이프 무늬라고도 해요. 단순하지만, 매력적인 무늬예요. 줄의 방향, 굵기에 따라 다른 느낌을 내요. 줄무늬는 오랫동안 많은 사람에게 인기 있는 무늬예요.

물방울무늬
'점'을 뜻하는 영어 단어 '도트(dot)'를 써서 도트 무늬라고도 해요. 점처럼 작은 무늬부터 동전 크기의 무늬까지, 크기에 따라 느낌이 달라져요. 발랄한 느낌을 주지요.

옷과 무늬

체크무늬
줄을 서로 교차하며 만든 무늬예요. 바둑판처럼 서로 다른 사각형으로 이뤄져 있어요. 세련되고 따뜻한 느낌을 줘요.

아가일 무늬
체크무늬를 변형해서 만든 무늬예요. 스코틀랜드 아가일 지역에서 시작돼서 붙혀진 이름으로 다이아몬드 모양이 무늬예요.

 곧은 선이 만나 여러 개의 사각형이 생기는 무늬로 '격자무늬'라고도 해요. 바둑판과 비슷한 무늬 옷을 고르세요.

❶  ❷  ❸

정답 : ❷

옷 무늬를 따라 세계 여행을 떠나 봐요!

옷은 시대와 지역의 생활을 표현하는 문화이기도 해요.
나라와 문화에 따라 입는 옷의 종류도, 무늬도 달라요.

중세 유럽 줄무늬는 악마의 상징이야!

중세 시대에 유럽에서는 줄무늬를 악마의 무늬라고 생각했어요. 바탕 면과 무늬가 구분이 잘 안돼 혼란을 준다고 여겼기 때문이에요. 죄수들의 옷이 줄무늬였던 것만 보아도 당시 사람들 줄무늬를 매우 좋지 않게 생각했다는 걸 알 수 있어요.

"죄인을 줄무늬 죄수복을 입고 감옥에서 살도록 하라!"

미국 줄무늬로 자유와 해방을!

"중세 시대 유럽에서 줄무늬 옷을 입고 다니면 죄수라고 오해받았겠어."

18세기에 이르러 줄무늬에 관한 생각이 바뀌었어요. 미국에서는 독립 전쟁을 통해 자유와 해방을 누리게 되자, 미국 국기에 있는 줄무늬가 자유를 상징하게 되었어요. 그때부터 오늘날까지 줄무늬는 남녀노소가 좋아하는 인기 있는 무늬가 되었어요.

"사람들이 줄무늬를 좋아하게 된 건 미국 독립 전쟁 덕분이네!"

인도 우리는 체크를 사랑해요~!

인도의 남쪽 마드라스는 옷감을 짜는 지역으로 유명한 곳이에요. 여기서 만든 체크무늬를 지역의 이름을 따 마드라스 체크라고 해요. 밝고 화려한 여러 색을 이용한 무늬가 특징이에요. 인도에 가면 마드라스 체크무늬 셔츠를 자주 볼 수 있어요.

인도 사람들은 마드라스에서 만들어진 체크무늬를 좋아해요! 세련되고 멋지죠?

아프리카 화려하고 독특한 우리만의 무늬가 있어요!

아프리카 사람들의 옷은 밝고 화려한 색깔과 독특한 무늬를 가지고 있어요. 여러 가지 모양을 자유롭게 활용한 무늬부터, 꽃이나 동물의 무늬를 활용한 것까지 다양해요. 나만의 개성을 표현하고 싶다면 아프리카 무늬를 활용해 봐요.

꽁멍아, 이 옷 어때? 화려하고 눈에 잘 띄는 무늬가 난 마음에 들어!

내 스타일은 아니지만, 멋……져! 난 마드라스 체크 셔츠로 결정했어!

옷과 무늬

12
내 발보다 얼마나 큰 신발을 사야 할까?

발 크기는 어떻게 재는 건가요?

신발을 사려면 내 발의 정확한 크기를 알아야 해요.
또 정확한 발 크기는 어떻게 재는 것인지 알아봐요.

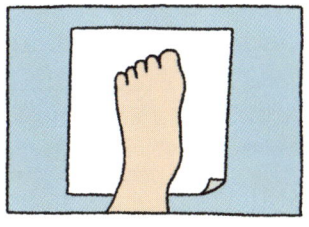 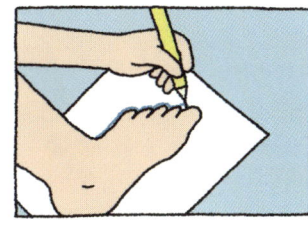 

종이 위에 발을 올리고 연필로 발 가장자리를 따라 그려요.

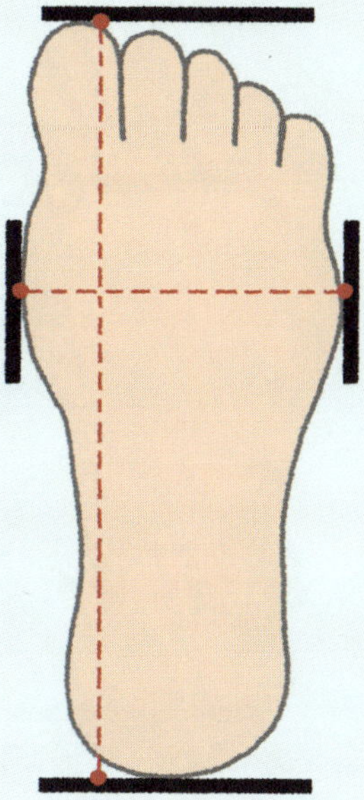

가장 긴 발가락 끝부분과 발뒤꿈치를 비스듬하지 않게 자로 잽니다.

발의 가로 길이가 가장 긴 부분을 자로 잽니다.

발 길이 **21센티미터** = **210밀리미터**

운동화 못 산 건 이제 잊자고.

이렇게 발 크기를 재면 되는 거구나! 진작 내 발 크기를 재서 알아둘 걸······.

옷과 무늬

발 모양도 여러 가지가 있어요!

발 길이가 같더라도 사람마다 더 편하고 꼭 맞는 신발은 다를 수 있어요. 사람들의 발 모양에는 크게 3가지가 있어요. 고대 문명이 발전했던 이집트와 그리스, 로마 사람들이 그린 그림과 신던 신발을 통해 사람들의 발 모양이 달랐다는 걸 알아냈어요.

이집트인

엄지발가락이 가장 길고, 두 번째부터 점점 길이가 짧은 발 모양. 전 세계 사람들의 약 $\frac{2}{3}$ 정도가 이집트인의 발 모양이에요.

그리스인

두 번째 발가락이 가장 길어서 산처럼 뾰족한 발 모양. 전 세계 사람들의 약 $\frac{1}{5}$ 이 그리스인 발 모양이에요.

로마인

엄지발가락과 두 번째, 세 번째 발가락의 길이가 거의 같은 발 모양. 로마인 발 모양을 가진 사람 수가 가장 적어요.

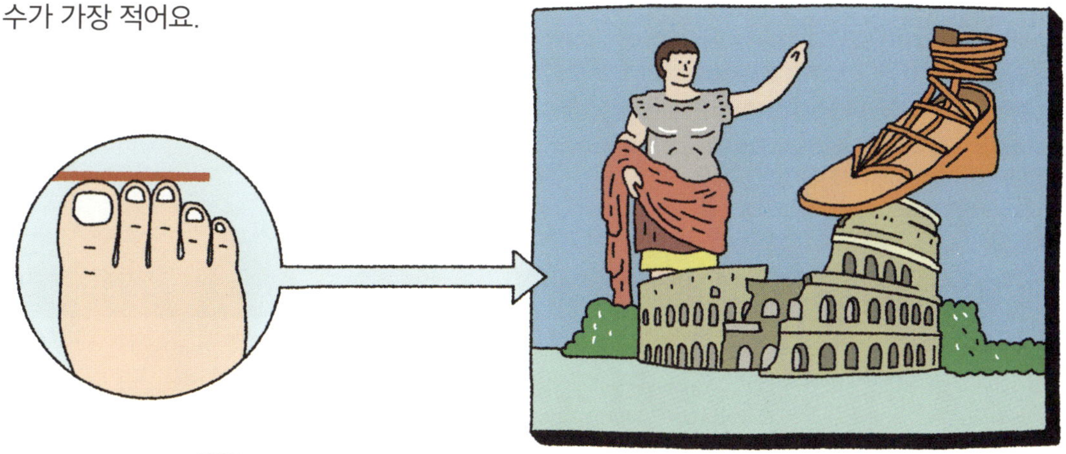

로마인들의 발가락은 엄지발가락부터 세 번째 발가락 길이가 비슷해.

꽁멍과 통통의 대화를 듣고 어떤 발 모양에 대한 설명인지 고르세요.

사람들의 발 모양 중에 이 모양을 가진 사람이 가장 많대.

아하! 엄지발가락이 제일 긴 발 모양 말이지?

❶ ❷ ❸

❷ : 답정

신발, 내 발보다 얼마나 큰 걸 신어야 할까요?

어린이들은 발이 자라기 때문에 넉넉하고 큰 신발을 신기도 해요.
내 발에 적당한 신발은 어떤 신발일까요?

내 발에 딱 맞는 신발 고르는 방법!

❶ 신발의 모양마다, 신발을 만드는 회사마다 신발 크기가 조금씩 다르기 때문에 직접 신어 보고 사요!
❷ 발의 크기가 아침보다 저녁에 커요. 오후 5시 이후에 신발을 사는 것이 좋아요.
❸ 성장기 어린이들의 발은 1년에 평균적으로 약 10밀리미터 자라기 때문에 약간 넉넉하게 사는 것이 좋아요. 그래도 너무 큰 신발은 사지 않도록 해요.

옷과 무늬

운동화
편하게 뛰고 움직일 때 신는 운동화는 약간 넉넉하게!
발 크기 + 10밀리미터

겨울 부츠, 레인부츠
발목 위로 올라오는 부츠는 조금 더 넉넉해도 돼요!
발 크기 + 15밀리미터

발 크기도 정확하게 알았고, 신발에 따라 발보다 얼마나 큰 신발을 사면 되는지도 알았으니 신발 가게 가자!

좋아! 신발 사러 가자!

13
골키퍼 등번호는 왜 1번일까?

축구는 왜 11명이 한 팀으로 할까요?

오래전부터 많은 나라 곳곳에서 사람들은 공을 차며 놀고, 운동하곤 했어요. 하지만 오늘날 자리 잡은 건 19세기 영국 축구의 규칙이에요.

11명의 축구 선수는 각각 역할이 달라요!

축구는 발로 공을 차서 상대 팀의 골대에 공을 많이 넣는 것으로 승부를 겨루는 운동이에요. 11명이 한 팀을 이루어서 경기장에서 뛰지요. 11명의 역할이 어떻게 다른지 알아봐요.

골키퍼
상대 팀이 골을 넣지 못하도록 골대를 지키는 역할을 해요. 11명 중 골키퍼는 1명이에요.

수비수
상대 팀 선수가 골대 안에 공을 넣지 못하도록 막는 역할을 해요.

미드필더
경기장의 가운데에 위치하며 공격수와 수비수를 도와주는 역할을 해요.

좋아하는 운동

❓ 축구 경기를 하기 위해 친구들이 모였어요. 누가 축구 경기의 규칙을 잘못 알고 있나요?

❶ 난 골키퍼니까 손으로 공을 잡을 수 있어!
❷ 난 골키퍼가 아니니까 손으로 공을 던져서 패스하면 안 돼!
❸ 멀리서 공을 차서 골대 안에 공이 들어가면 2점을 얻어!
❹ 축구 경기 시간은 90분이야.

❸ : 답정

골을 넣어 점수를 내는 공격수가 되고 싶었지만 골키퍼도 멋져!

그럼! 자기가 잘하는 걸 해야지. 숏은 영 아니었어.

공격수
골을 넣는 역할을 해요. 골을 한 번 넣을 때마다 점수를 1점씩 얻어요.

축구의 규칙

❶ 상대편 골대에 공을 넣으면 점수를 1점 얻어요.
❷ 골키퍼를 제외한 모든 선수는 팔과 손을 제외한 몸으로 공을 다뤄야 해요.
❸ 총 90분 경기를 하며, 전반전 45분과 후반전 45분으로 이뤄져요.
❹ 경기 중 선수 교체는 최대 5회까지 가능해요.

축구 선수들의 등번호는 어떻게 정할까요?

축구 선수들의 유니폼을 보면 등에 번호가 있어요. 등번호에는 나름의 규칙이 있어요. 등번호만 봐도 어떤 역할을 하는 선수인지 대략 알 수 있어요.

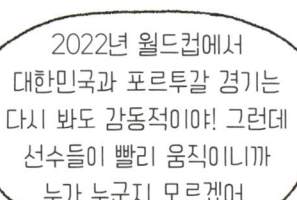
2022년 월드컵에서 대한민국과 포르투갈 경기는 다시 봐도 감동적이야! 그런데 선수들이 빨리 움직이니까 누가 누군지 모르겠어.

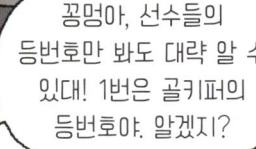
꽁멍아, 선수들의 등번호만 봐도 대략 알 수 있대! 1번은 골키퍼의 등번호야. 알겠지?

좋아하는 운동

경기에 주로 나오는 골키퍼

상대 팀의 공격수들을 철벽 수비하는 수비수들

| 정확한 킥과 돌파력을 가진 선수 | 공격형 미드필더 | 최전방 득점 공격수 | 팀의 에이스 | 가장 빠르고 기술을 가진 선수 |

? 꽁멍이와 통통이의 대화 빈칸에 들어가는 수를 순서대로 쓰세요.

- 골키퍼는 등번호 ☐번을 써야 하는 거구나.
- 난 우리 팀의 최고 에이스니까 그럼 ☐번을 써야겠다.

정답 : 1, 10

14
올림픽은 왜 4년마다 열릴까?

올림픽은 언제 열리나요?

올림픽은 전 세계 각국의 선수들이 스포츠 경기를 하는 가장 큰 국제 대회이자 축제예요. 여름에 열리는 올림픽을 하계 올림픽이라고 하고, 겨울에 열리는 올림픽을 동계 올림픽이라고 해요. 보통 올림픽이라고 부르는 것은 하계 올림픽이에요.

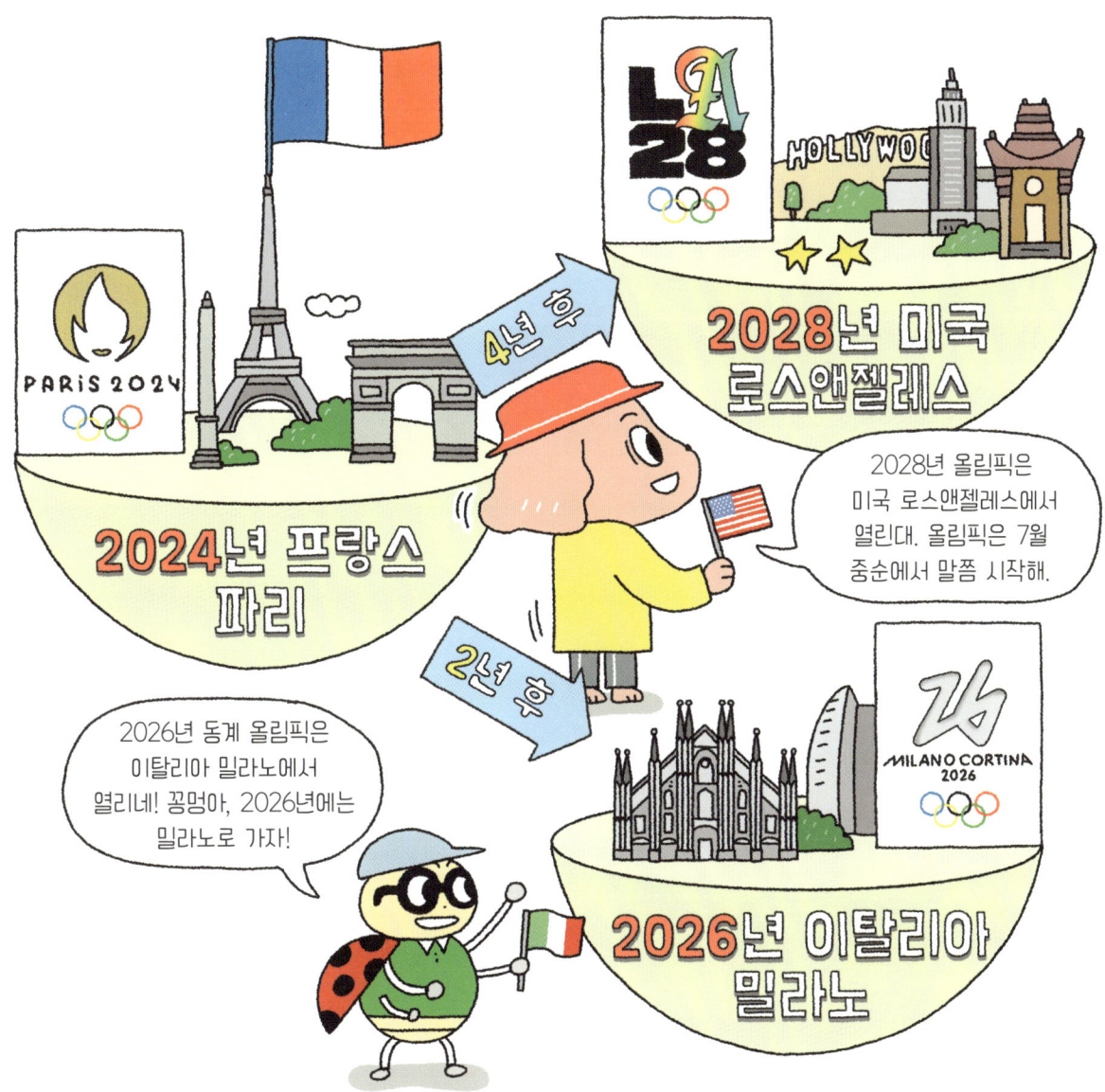

올림픽의 시작, 올림피아 제전은 왜 4년마다 열렸을까요?

올림픽의 시작은 고대 그리스 시대로 거슬러 올라가요. 당시 고대 그리스에서는 지역마다 신께 제사를 드리는 종교 행사가 있었는데, 그중 가장 크고 오랫동안 열렸던 행사가 태양의 신 제우스를 기리는 올림피아 제전이었어요.

올림피아 제전 원래는 8년마다 열렸다고?

고대 그리스 시대에는 여러 나라에서 달력으로 태양력과 태음력을 사용했어요. 두 달력이 타협할 수 있는 주기가 8년이었기 때문에 8년마다 올림피아 제전을 열었어요. 게다가 고대 그리스 사람들은 숫자 8은 가장 완벽한 숫자로 여겼어요. 이후 기원전 776년 전후 주변 나라들과 전쟁이 잦아지면서 전쟁을 멈추기 위한 방법으로 올림피아 제전의 주기를 8년에서 4년으로 줄였어요.

좋아하는 운동

전차 / **달리기** / **복싱** / **레슬링**

고대 올림픽에서도 레슬링, 달리기, 복싱 같은 경기가 있었네!

고대 올림픽의 승자는 위대한 전사가 되었대. 지금 보니 대부분의 경기 종목이 뛰어난 전사가 되기 위한 종목들이야.

? 고대 올림픽 경기 종목이 아닌 것을 고르세요.

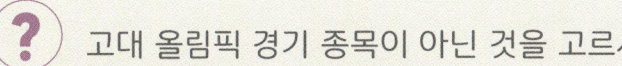

❶ 달리기 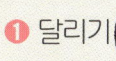　❷ 레슬링 　❸ 전차 경기 　❹ 골프

정답 : ❹

15
마라톤은 왜 42,195킬로미터일까?

42.195킬로미터는 얼마나 먼 거리일까요?

마라톤은 달리기 중에서 가장 긴 거리를 뛰는 운동 종목이에요. 무려 42.195킬로미터를 뛰지요.

마라톤은 왜 42.195킬로미터일까요?

보통 달리기 경기는 100미터, 200미터, 400미터처럼 딱 떨어지는 거리를 달려서 겨루어요. 그런데 왜 마라톤은 42킬로미터도 아닌 42.195킬로미터를 달리는 걸까요?

마라톤 전설

기원전 490년, 그리스의 아테네와 페르시아는 마라톤 평원에서 전투를 벌였어요. 아테네가 이겼고, 아테네 군인이 아테네까지 달려와 전쟁의 승리 소식을 전하고 쓰러졌다는 전설이 있어요. 군사가 뛴 거리가 42.195킬로미터여서 마라톤의 거리도 42.195킬로미터가 되었다는 이야기지요.

기뻐하십시오~! 우리가 전쟁에서 이겼습니다!

마라톤 전설은 전해 내려오는 이야기일 뿐 사실은 아니래.

엥? 그럼 도대체 왜 마라톤이 42.195킬로미터가 된 거야? 외우기도 어렵고, 40킬로미터보다 2.195킬로미터나 더 뛰어야 하잖아!

1908년 런던 올림픽

1896년에 첫 근대 올림픽이 아테네에서 열렸어요. 이때 마라톤의 거리는 36.75킬로미터였어요. 이후 7회 올림픽까지 올림픽을 여는 나라에 따라 마라톤을 뛰는 거리가 각각 달랐어요. 1924년 8회 올림픽에서 마라톤의 거리를 정확하게 정하자는 의견이 나왔고, 4회 런던 올림픽에서 실제 거리를 잰 42.195킬로미터로 결정되었어요.

마라톤 선수들이 출발하는 모습을 보고 싶군요!

이런~! 왕비 때문에 좀 더 뛰게 되었어.

들쭉날쭉 마라톤 거리를 4회 런던 올림픽 때 뛴 거리로 정한 거로구나!

어쨌거나 42.195킬로미터는 너무 멀다 멀어. 힝.

좋아하는 운동

? 마라톤의 거리는 42.195킬로미터예요. 누가 마라톤 거리에 대해 잘못 말했나요?

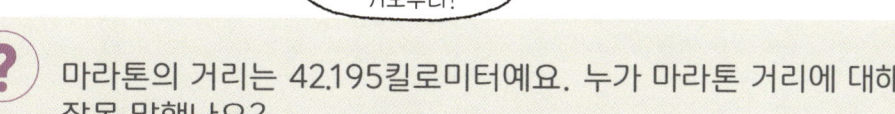

❶ 42킬로미터보다 좀 더 멀어.

❷ 43킬로미터보다는 가까워.

❸ 42.1킬로미터에서 조금 더 뛰어야 해.

❹ 42킬로미터를 뛰고 나서도 1.95킬로미터를 더 뛰어야 해.

정답 : ❹

어떤 마라톤을 선택할까요?

마라톤으로 뛰는 거리는 무려 42.195킬로미터예요. 자동차로 40분 가야 하는 거리를 달려서 가는 건 연습과 훈련 없이는 어려운 일이지요. 하지만 뛰는 거리에 따라 마라톤에도 여러 종류가 있어요.

마라톤의 종류

❶ 단축 마라톤 10킬로미터

처음 마라톤에 도전하는 사람들이라면 10킬로미터 마라톤을 추천해요. 10킬로미터 마라톤에 참여한 사람들은 보통 1시간 정도면 완주에 성공해요. 어린이들도 연습하고 도전할 수 있는 거리예요.

❷ 하프 마라톤 21.0975킬로미터

풀코스 마라톤의 절반을 뛰는 마라톤이에요. 21킬로미터의 거리를 뛰는 것도 결코 쉽지 않지만, 풀코스 마라톤의 거리보다는 부담이 적어 선수가 아닌 사람들도 많이 도전하는 종목이에요.

❸ 풀코스 마라톤 42.195킬로미터

올림픽에서 하는 마라톤 종목과 똑같은 42.195킬로미터를 뛰어요. 마라톤 세계 신기록은 2023년 케냐 선수 캘빈 킵툼의 2시간 35초예요. 선수가 아닌 일반인은 충분한 훈련과 연습을 해야만 풀코스 마라톤에 성공할 수 있어요.

> 마라톤에 대해 꽁멍과 통통이가 이야기를 나누고 있어요.
> 빈칸에 들어갈 수를 써 보세요.

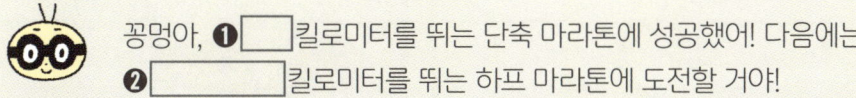

꽁멍아, ❶ ☐ 킬로미터를 뛰는 단축 마라톤에 성공했어! 다음에는 ❷ ☐ 킬로미터를 뛰는 하프 마라톤에 도전할 거야!

와~! 대단해! 열심히 연습해서 같이 ❸ ☐ 킬로미터를 뛰는 풀코스 마라톤에 도전해 보자!

정답 : ❶ 10 ❷ 21.0975 ❸ 42.195

16
매일 줄넘기 1,000개를 한다면?

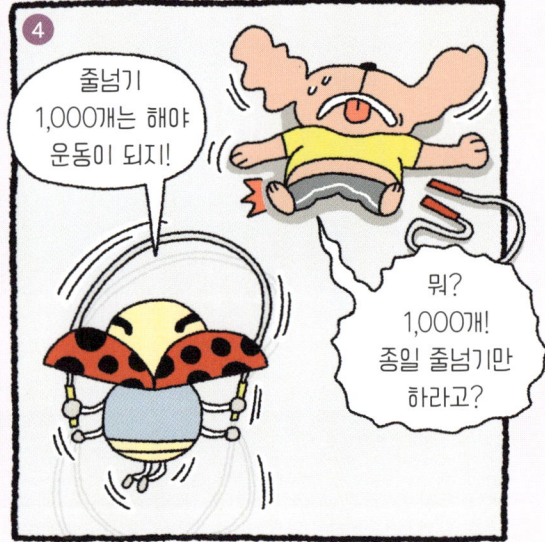

줄넘기 운동, 우리 몸에 어떤 점이 좋을까요?

줄넘기는 누구나 쉽게 할 수 있는 운동이에요. 줄만 있으면 되고, 놀이터나 공원에서 언제든지 할 수 있어요. 간편하고 쉬우면서도 우리 몸에 좋은 점이 많아요.

줄넘기 1,000개 하기, 얼마나 운동이 될까요?

운동하면 우리 몸에 있는 에너지를 사용하게 돼요. 몸무게와 운동한 시간을 알면 운동할 때 우리 몸에서 사용한 에너지의 양을 계산할 수 있어요. 그걸 '열량'이라고 해요. 줄넘기와 다른 여러 운동의 효과를 비교해 봐요.

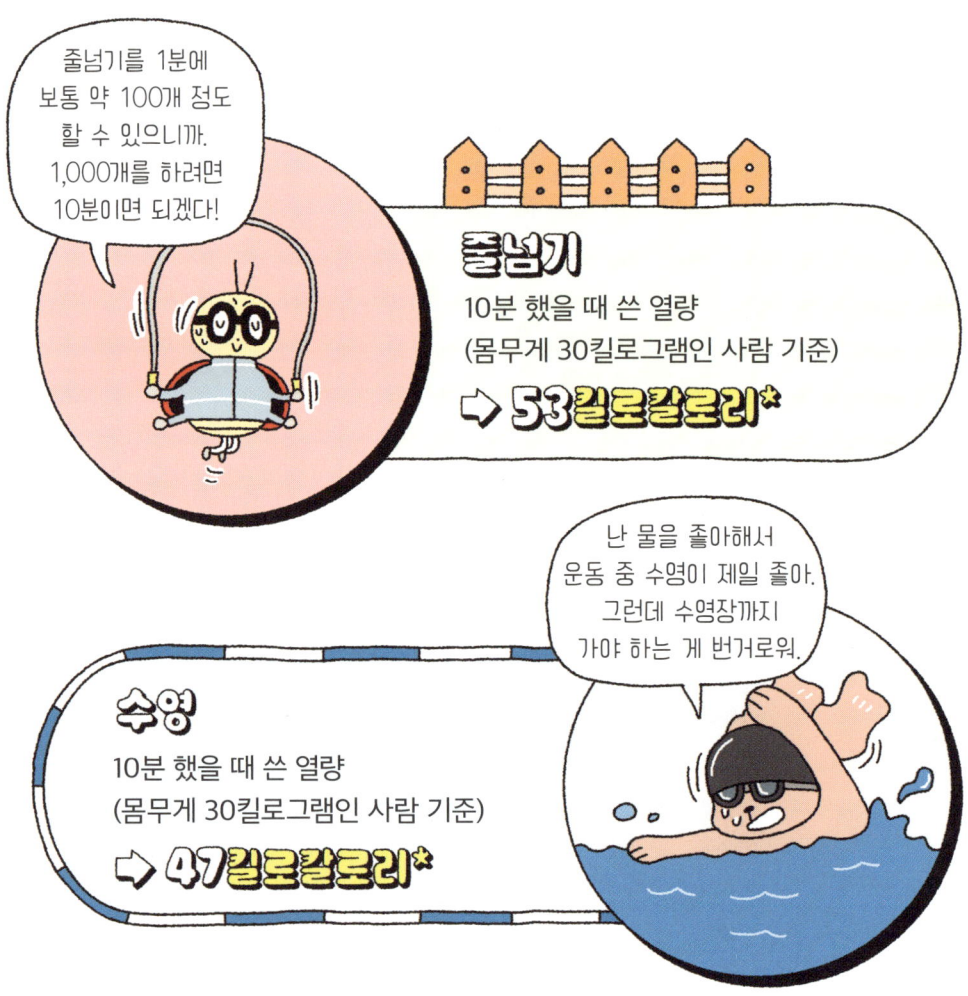

좋아하는 운동

"자전거를 타며 속도를 느낄 때 정말 신나. 여러 장비를 챙겨야 하고, 너무 덥거나 추운 날은 타기 어렵지만."

자전거
10분 탔을 때 쓴 열량
(몸무게 30킬로그램인 사람 기준)
➡ **42킬로칼로리***

"달리기는 언제 어디서든, 준비물이 없어도 할 수 있는 운동이라서 좋아. 신나게 뛰어야지!"

달리기
10분 달렸을 때 쓴 열량
(몸무게 30킬로그램인 사람 기준)
➡ **37킬로칼로리***

킬로칼로리 : 1킬로그램의 물을 1도 올리는 데 필요한 열량을 1킬로칼로리라고 해요.

? 여자 어린이가 20분 동안 줄넘기를 했어요. 운동하며 쓴 열량은 얼마일까요?

❶ 74킬로칼로리 ❷ 84킬로칼로리
❸ 94킬로칼로리 ❹ 106킬로칼로리

"제 몸무게는 30킬로그램이에요."

정답 : ❹

줄넘기를 이렇게 많이 할 수 있다고요?

줄넘기는 전 세계 많은 사람이 즐기는 운동이에요. 한 번 넘을 때 두 번 줄을 돌리는 2단 뛰기, 뒤로 뛰기, 발을 번갈아 뛰기 등 다양한 방법으로 뛰기도 해요. 여러 가지 줄넘기 도전과 기록을 알아봐요!

1분에 가장 많이 줄넘기
기록 374회

2023년 4월 중국에 사는 16세 소년은 지난 10년 동안 일본의 줄넘기 선수 세계 신기록 348번보다 26번이나 더 뛰어 세계 기록을 깨뜨렸어요.

3단 뛰기
기록 701개

한 번 뛸 때 줄을 3번 돌리는 것을 3단 뛰기라고 해요. 2022년, 중국의 17세 소년은 연속으로 3단 뛰기 701개를 성공해 세계 신기록을 세웠어요. 이 기록은 423회였던 35년 동안의 기록을 깬 것이에요.

단체로 많이 줄넘기
12명이 함께 1분에 224회

2017년 일본 초등학생 14명이 세운 기록이에요. 2명이 줄을 돌리면 12명의 학생이 8자 모양을 돌며 빠르게 줄을 넘어요. 한 치의 오차도 없이 협동해 이룬 기록이라 더욱 놀라워요!

24시간 동안 많이 줄넘기
15만 1,409회

2018년 36세 일본 줄넘기 선수가 세운 기록이에요. 15만 1,409회를 24로 나누면 약 6,300개, 즉 한 시간당 약 6,300개씩 24시간 동안 꾸준히 줄넘기를 한 셈이에요.

17 리듬 체조를 배우고 싶어!

리듬 체조에는 다섯 가지 도구가 쓰여요!

리듬 체조는 음악에 맞춰 여러 가지 동작을 표현하는 운동이에요. 스포츠와 예술이 잘 어우러진 운동이지요. 리듬 체조에는 줄, 곤봉, 공, 후프, 리본이 쓰여요. 다섯 가지 도구를 찾아볼까요?

좋아하는 운동

올림픽에서는 4가지 도구 경기를 볼 수 있어요!

리듬 체조는 다섯 가지 도구를 쓰는 만큼 다양한 동작을 표현할 수 있어요. 각각의 도구마다 어떤 특징을 가졌는지 알아봐요.

줄 줄을 넘거나 돌려서 동작을 표현할 수 있어요. 아이들이 출전하는 국내 대회에서는 줄 경기를 볼 수 있지만, 올림픽과 같은 공식적인 성인 경기에서는 보기가 어려워요.

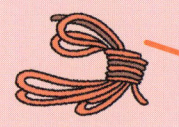

길이는 선수의 키에 맞춤.

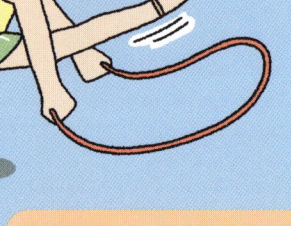

후프 리듬 체조 도구 중 가장 크기가 커요. 후프를 굴리거나 통과하기, 튕기거나 던져서 표현할 수 있어요.

80~90센티미터 300그램 이상

역시 리듬 체조하면 리본이지~! 통통아, 어때? 구불구불 리본이 뱀처럼 보이지 않아?

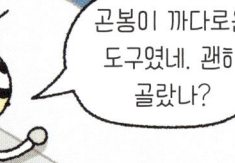

곤봉이 까다로운 도구였네. 괜히 골랐나?

좋아하는 운동

공 공을 튕기거나, 공이 몸을 따라 굴러가게 하는 동작을 할 수 있어요. 유연한 동작을 보여 주기 좋은 도구예요.

18~20센티미터 400그램 이상

곤봉 다섯 가지 도구 중 가장 까다로운 도구로 꼽혀요. 두 개의 곤봉을 번갈아 흔들거나 던지고 받기, 8자 모양으로 돌리기를 할 수 있어요.

40~50센티미터 150그램

리본 가장 다양한 동작을 할 수 있어서 리듬 체조의 상징이기도 해요. 7미터 길이의 리본을 동그라미, 물결, 구불구불 모양 등 여러 가지 부드러운 곡선을 표현할 수 있어요.

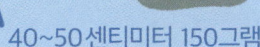

전체 길이 : 7미터 이상

? 리듬 체조 도구 중 유일하게 양손에 하나씩 들어야 하는 도구예요. 번갈아 흔들거나 던지고 받기를 할 수 있어요. 무엇일까요?

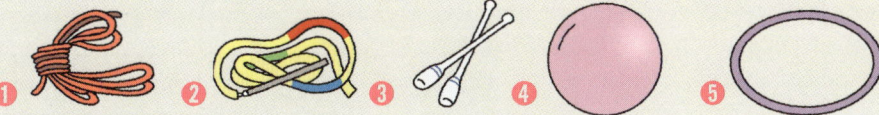

정답 : ③

리듬 체조 최고 점수는 20점이에요!

리듬 체조 경기는 어떻게 점수를 매길까요? 달리기나 수영과 같이 기록을 재는 것도 아니고, 양궁이나 사격처럼 점수를 분명하게 알 수도 없어요. 리듬 체조 경기 점수를 계산하는 방법을 알아봐요!

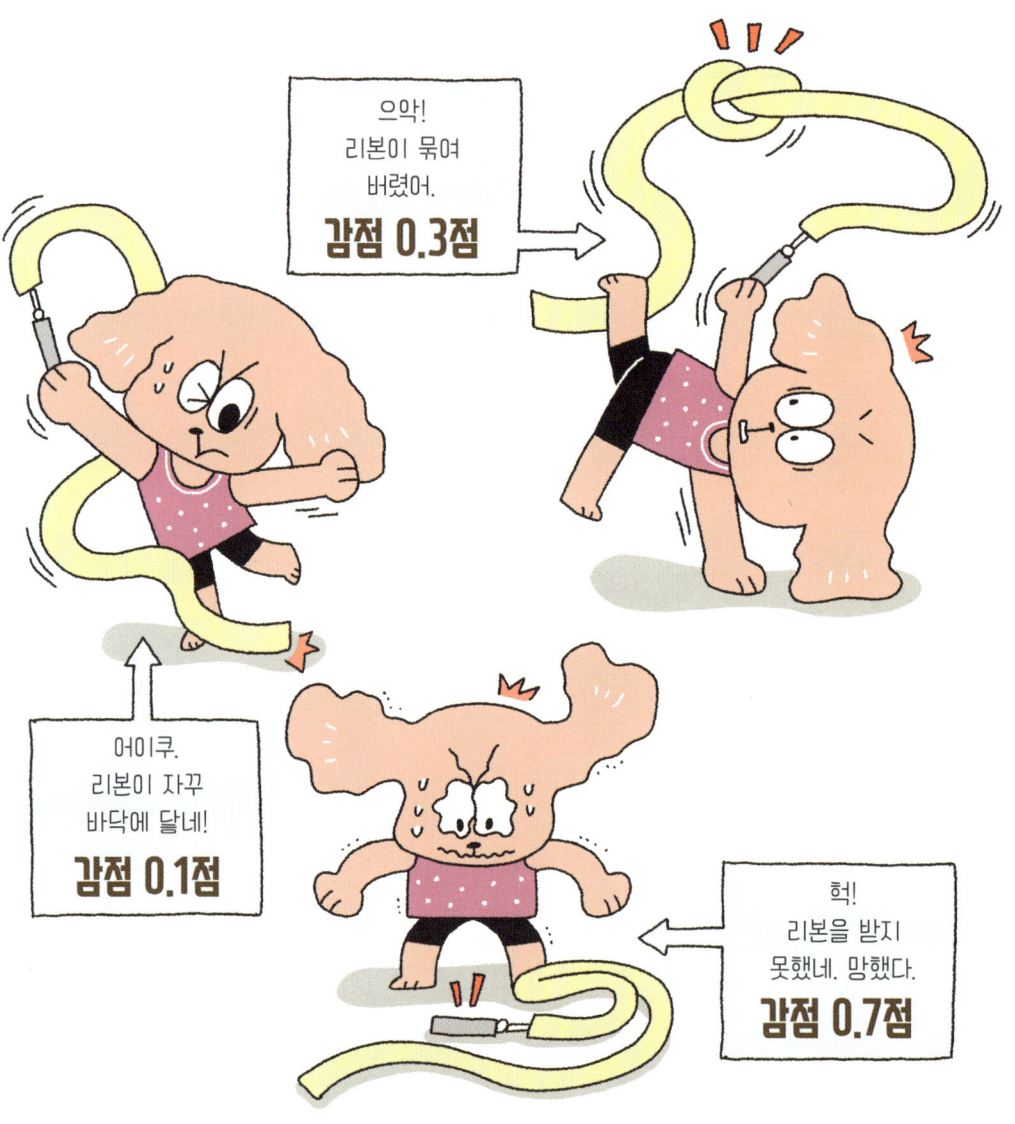

으악! 리본이 묶여 버렸어.
감점 0.3점

어이쿠. 리본이 자꾸 바닥에 닿네!
감점 0.1점

헉! 리본을 받지 못했네. 망했다.
감점 0.7점

리듬 체조 점수는 이렇게 계산해요!

여러 가지 동작에 따라 점수가 있어요. 어려운 동작일수록 점수가 높아요.

음악에 동작을 잘 어울리게 표현하는지, 동작에 실수를 하지 않는지를 평가해요.

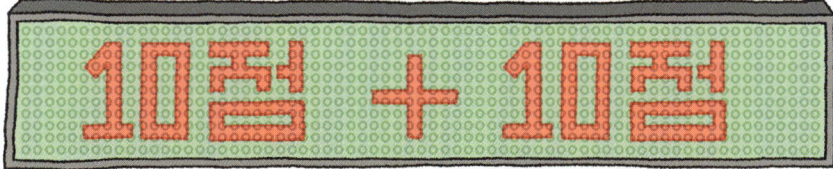

기술을 하지 못하거나 실수할 때마다 점수를 빼서 최종 점수가 정해져요.

리본 바닥에 닿아서 감점, 엉켜버려서 감점, 바닥에 떨어뜨려서 감점. 꽁멍아, 너도 감점이 많아서 이러다 0점 되겠다.

? 리듬 체조 리본 경기를 하다가 3가지 실수를 했어요. 점수를 가장 많이 깎이는 실수부터 순서대로 나타낸 것을 고르세요.

A
리본을 바닥에 떨어뜨림

B
리본 끝 부분이 바닥에 닿음

C
리본이 묶임

❶ A-B-C　　❷ A-C-B　　❸ B-C-A　　❹ B-A-C

정답 : ②

권말 부록

꽁멍과 통통의 수학 수다 & 퀴즈!

통통아, 나 결심했어! 나도 올림픽에서 금메달을 따는 운동선수가 될 거야! 올림픽이 프랑스 파리에서 2024년에 열렸으니까, 그다음 ❶ [　　] 년 미국 로스앤젤레스에서 열리는 올림픽에 나갈 거야!

와! 멋진 꿈이야. 그럼 운동 열심히 해야겠다! 나랑 오늘부터 매일 줄넘기 1,000개 하기 어때? 1분에 100개를 하면 ❷ [　　] 분이면 할 수 있어!

좋아! 줄넘기한 다음에는 달리기도 해야겠어. ❸ [　　] 킬로미터를 뛰는 풀코스 마라톤은 너무 힘드니까, 가장 짧은 단축 마라톤 거리 ❹ [　　] 킬로미터를 매일 뛰어야지! 통통아, 함께 해 줄거지?

그, 그럼. 물론이지!

고마워! 역시 넌 나의 가장 소중한 친구야! 통통아, 그럼 오늘 내가 짜장면과 아이스크림 둘 다 살게!

와! 정말? 꽁멍이 최고!

통통아, 맛이 어때? 여기 짜장면 정말 맛있지? 맛도 있는데 가격도 25년 전 가격이야. 너랑 나랑 먹으려면 천 원짜리 지폐 한 장, 오천 원짜리 지폐 한 장이면 돼. 한 그릇이 얼만지 알겠지?

그 정도는 기본이지! 짜장면 한 그릇에 ❺ [　　] 원이라니, 진짜 싸네! 이제 짜장면 다 먹었으니까 아이스크림 먹으러 가자!

150그램 작은 컵 아이스크림은 4,000원이고, 300그램 조금 더 큰 컵 아이스크림은 7,000원이야. 작은 컵 아이스크림으로 각자 먹을까? 아니면 조금 더 큰 컵 아이스크림을 나눠 먹을까?

돈을 아낄 수 있는 방법으로 사 먹자!

그럼, 조금 더 큰 컵 아이스크림을 사서 나눠 먹자! 작은 컵 아이스크림을 2개 사면 300그램이고, 가격은 ❻[ ]원이야. 조금 더 큰 컵 아이스크림 1개를 사면 양은 똑같이 300그램인데 가격은 7,000원이니까 큰 컵 아이스크림을 사면 ❼[ ]원이 절약돼.

오, 똑똑한데! 난 아무 맛이나 좋으니까 아이스크림도 부탁해!

맛있는 짜장면도 싸게 먹고, 아이스크림도 나눠 먹어서 조금 더 싸게 살 수 있었어! 2살이 되었더니 아는 것도 많아지고 더 똑똑해진 기분이야.

꽁명아, 2살이라니! ❽[ ]살이지! 나이를 세는 법이 바뀌었잖아. 오늘은 2024년 10월 20일이고, 넌 2023년 3월에 태어났으니까.

아차, 그렇지! 2살이 되려면 2025년 ❾[ ]월이 지나야겠다.

그런데 말이야. 네가 되고 싶은 운동선수는 어떤 종목이야?

맞혀 봐!

축구 선수? 골키퍼처럼 등번호가 ❿[ ]번인 옷도 있는 걸 보면 축구 맞는 거 같은데, 내 추리가 맞지?

땡! 나는 리듬 체조 선수가 될 거야!

앗, 맙소사! 올림픽에 리듬 체조 남자 선수는 없는데!

❸ 짜장면이 100원이라고?

1판 1쇄 인쇄 2024년 10월 5일 | **1판 1쇄 발행** 2024년 10월 25일
글 장경아 | **그림** 김종채 | **감수** 와이즈만 영재교육연구소
발행처 와이즈만 BOOKs | **발행인** 염만숙 | **출판사업본부장** 김현정 | **편집** 이혜림 양다운 이지웅
기획·진행 CASA LIBRO | **디자인** 인앤아웃 | **마케팅** 강윤현 백미영 장하라
출판등록 1998년 7월 23일 제1998-000170 | **제조국** 대한민국
주소 서울특별시 서초구 남부순환로 2219 나노빌딩 5층
전화 마케팅 02-2033-8987 | **편집** 02-2033-8928 | **팩스** 02-3474-1411
전자우편 books@askwhy.co.kr | **홈페이지** mindalive.co.kr | **사용 연령** 8세 이상
ISBN 979-11-92936-50-5 77410 979-11-92936-31-4(세트)

ⓒ 2024 장경아·김종채·CASA LIBRO
잘못된 책은 구입처에서 바꿔 드립니다.
와이즈만 BOOKs는 (주)창의와탐구의 출판 브랜드입니다.
KC마크는 이 제품이 공통안전기준에 적합하였음을 의미합니다.